Rotes Heft/Ausbildung kompakt 218

Schornsteinbrände

Praktische Hinweise für Brände in
Schornsteinen und Feuerungsanlagen

von
Martin Vogel
Schornsteinfegermeister
Freiwillige Feuerwehr Dornburg Thalheim

2., erweiterte und überarbeitete Auflage

Verlag W. Kohlhammer

Wichtiger Hinweis

Der Verfasser hat größte Mühe darauf verwendet, dass die Angaben und Anweisungen dem jeweiligen Wissensstand bei Fertigstellung des Werkes entsprechen. Weil sich jedoch die technische Entwicklung sowie Normen und Vorschriften ständig im Fluss befinden, sind Fehler nicht vollständig auszuschließen. Daher übernehmen der Autor und der Verlag für die im Buch enthaltenen Angaben und Anweisungen keine Gewähr. Die Abbildungen stammen – soweit nicht anders angegeben – vom Autor.

Der Autor bedankt sich bei der Freiwilligen Feuerwehr Elz für die Unterstützung bei den Fotoaufnahmen.

2., erweiterte und überarbeitete Auflage 2019

Alle Rechte vorbehalten
© W. Kohlhammer GmbH, Stuttgart
Gesamtherstellung: W. Kohlhammer GmbH, Stuttgart

Print: ISBN 978-3-17-035415-9

E-Book-Formate:
pdf: ISBN 978-3-17-035417-3
epub: ISBN 978-3-17-035418-0
mobi: ISBN 978-3-17-035419-7

Für den Inhalt abgedruckter oder verlinkter Websites ist ausschließlich der jeweilige Betreiber verantwortlich. Die W. Kohlhammer GmbH hat keinen Einfluss auf die verknüpften Seiten und übernimmt hierfür keinerlei Haftung.

Inhaltsverzeichnis

Vorwort 5

1 Begriffe 7

2 Was ist ein Schornsteinbrand? 9
2.1 Was brennt im Schornstein? 9
2.2 Rußmengenberechnung 12
2.3 Wie kann man Glanzrußbildung vermeiden? 13
2.4 Holzlagerzeit 14

3 Bauteile, Baustoffe und bauliche Anlagen 16
3.1 Das Bauteil Schornstein 17
3.2 Mängel an Schornsteinen 21
3.3 Bedachungen 28
3.4 Feuerungsanlagentechnik 29

4 Werkzeuge 34
4.1 Werkzeuge nach DIN 14800-4 bis 2005 34
4.2 Werkzeuge nach DIN 14800-4:2013-12 37
4.3 Handhabung der Werkzeuge nach
    DIN 14800-4:2013-12 39
4.4 Pflege und Instandhaltung der Werkzeuge 61

5 Ausbildung 63
5.1 Theoretische Ausbildung für Feuerwehrführungs-
    kräfte 63

Inhaltsverzeichnis

    5.2 Theoretische Ausbildung für Feuerwehreinsatzkräfte .. 64
    5.3 Gestaltung von praktischen Übungen 64

    6 Einsatz **66**
    6.1 Lagefeststellung 67
    6.2 Planung 68

    7 Taktisches Vorgehen **70**
    7.1 Aufgabenverteilung bei einer Gruppe 71
    7.2 Aufgabenverteilung bei mehr als einer Gruppe 75
    7.3 Einsatz von Feuerlöschern 79
    7.4 Warum ist Wasser bei Schornsteinbränden so gefährlich? 79
    7.5 Maßnahmen zur Vermeidung der Ausbreitung eines
        Schornsteinbrandes 81

    Verhaltensregeln für Hausbewohner **85**

    Quellen/empfehlenswerte Literatur **86**

Vorwort

Seit einigen Jahren nimmt die Anzahl der Feuerstätten, die mit festen Brennstoffen betrieben werden, aufgrund steigender Energiepreise deutlich zu. Im selben Maße steigt auch die Anzahl der Fälle an, bei denen Feuerstätten nicht richtig befeuert werden. Die Folge sind Glanzrußablagerungen in den Schornsteinen, welche wiederum zu mehr Schornsteinbränden führen. Für die Feuerwehren bedeutet dies, dass sie sich wieder verstärkt mit dem Thema »Schornsteinbrände« befassen müssen.

Bild 1: *Schornsteinbrand mit Blick in die Schornsteinmündung (Foto: Maximilian Heep)*

Vorwort

Der Schornsteinbrand ist für die Feuerwehr immer ein besonderes Thema, da es hierbei nicht nur um das Löschen eines Brandes, sondern gleichzeitig auch um das kontrollierte Ausbrennen des Schornsteins geht.

Dieses Rote Heft/Ausbildung kompakt will das etwas »in Vergessenheit« geratene Wissen um die Brandbekämpfung bei Schornsteinbränden wieder wecken und beschreibt ausführlich das Bauteil »Schornstein«, erläutert die Entstehung von Schornsteinbränden, stellt die im Einsatzfall benötigten Werkzeuge vor und gibt praktische Hinweise zur Ausbildung sowie zum taktischen Vorgehen im Einsatz.

1 Begriffe

Schornstein
Der Schornstein, in einigen Gegenden Deutschlands auch »Kamin« oder »Esse« genannt, ist ein eigenständiges Bauteil innerhalb oder außerhalb eines Gebäudes, das dazu bestimmt ist, Rauch und Abgase von Feuerstätten sicher in den freien Windstrom über das Dach eines Gebäudes zu leiten.

Feuerstätten
Feuerstätten sind bauliche, ortsfest benutzte Anlagen in oder an Gebäuden zur Verbrennung von flüssigen, festen oder gasförmigen Brennstoffen.

Glanzruß
Glanzruß ist ein Verbrennungsrückstand, der bei der Verfeuerung fester Brennstoffe entstehen kann (siehe auch Kapitel 2.1).

Bevollmächtigter Bezirksschornsteinfeger
Bevollmächtigter Bezirksschornsteinfeger ist, wer von der zuständigen Verwaltungsbehörde als Bevollmächtigter Bezirksschornsteinfeger für einen bestimmten Kehrbezirk bestellt ist. Im Gesetz über das Berufsrecht und die Versorgung im Schornsteinfegerhandwerk (Schornsteinfeger-Handwerksgesetz – SchfHwG) § 16 Weitere Aufgaben Abs. 2 steht:

1 Begriffe

Jeder bevollmächtigte Bezirksschornsteinfeger leistet auf Anforderung der für den örtlichen Brandschutz zuständigen Behörde Hilfe bei der Brandbekämpfung in seinem Bezirk.

Bezirke

Zur Wahrnehmung der Kehr- und Überprüfungsaufgaben werden von der zuständigen Verwaltungsbehörde Kehrbezirke eingerichtet, geändert und besetzt. Für jeden Kehrbezirk wird nur ein Bevollmächtigter Bezirksschornsteinfeger bestellt.

2 Was ist ein Schornsteinbrand?

Ein Schornsteinbrand ist ein Ereignis, bei dem sich ungewollt Verbrennungsrückstände im Innern des Schornsteins durch einen oder mehrere Funken einer Feuerstätte entzünden. Dabei können Temperaturen von bis zu 1 500 °C entstehen und Flammen bis zu drei Meter aus der Schornsteinmündung herausschlagen.

Wenn dies ohne die Einwirkung eines Schornsteinfegers stattfindet, spricht man von einem Schornsteinbrand. Schornsteinfeger zünden die brennbaren Verbrennungsrückstände gelegentlich auch absichtlich an, dann spricht man von Ausbrennarbeiten durch den Schornsteinfeger.

2.1 Was brennt im Schornstein?

Bei der Verbrennung von festen Brennstoffen kann es zur Ablagerung von Glanzruß kommen. Dies ist eine spezielle Sorte von Ruß. Glanzruß besteht aus fast reinem Kohlenstoff, der sich aus Kohlenwasserstoffverbindungen, festen unverbrannten Kohlenstoffpartikeln und Feuchtigkeit an der Innenseite des Schornsteines abgelagert hat. Das Ablagern von Glanzruß wird durch Verwirbelungen im Schornstein begünsig. Diese entstehen an Umlenkungen im Schornstein oder durch ausgewaschene Fugen zwischen den Steinen. Der Schornstein an sich hat mit dem eigentlichen Brand nichts zu tun!

Der Glanzruß quillt, wenn er verbrennt, um das Siebenfache auf (Bilder 3a und 3b). Durch die Zunahme des Volumens

2 Was ist ein Schornsteinbrand?

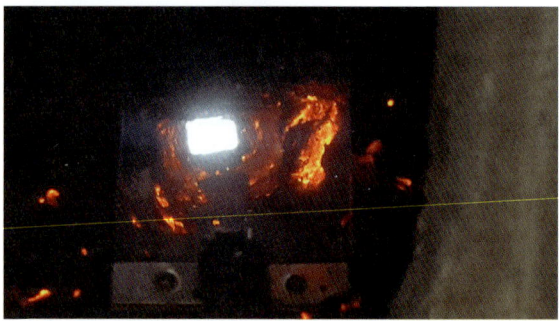

Bilder 2a und b: *Schornsteinbrand mit Blick von unten hinauf in den Schornstein (Fotos: Leon Schläfer)*

2.1 Was brennt im Schornstein?

Bild 3a: *Waage mit noch unverbranntem Glanzruß (2 Gramm)*

Bild 3b: *Waage mit verbranntem Glanzruß (2 Gramm)*

kann es zu einer Verstopfung im Schornstein kommen, was zu einer starken Temperatur- und Gasdruckzunahme im Schornstein führen und ein Aufreißen des Schornsteins an der Wange zur Folge haben kann. Wenn dies geschieht, können Flammen aus dem Riss herausschlagen und alles Brennbare in der Umgebung entzünden.

 Eine Verstopfung des Schornsteins ist zu vermeiden bzw. schnellstens zu beseitigen!

2 Was ist ein Schornsteinbrand?

2.2 Rußmengenberechnung

Bei der nachfolgenden, beispielhaften Berechnung gehen wir von einem Ein- bis Zweifamilienhaus aus, dessen Schornstein innen eine Kantenlänge von 18 x 18 Zentimeter hat. Der Glanzruß ist in einer Stärke von einem Zentimeter an allen Seiten über die gesamte Länge des Schornsteins von acht Metern verteilt (Bild 4).

Bild 4: Schornsteinquerschnitt (Grafik: W. Kohlhammer GmbH)

1. Berechnung des Glanzrußvolumens vor dem Brand:
   18 cm x 18 cm − (16 cm x 16 cm) = 68 cm^2
   68 cm^2 x 800 cm = 54 400 cm^3 = 54,4 dm^3
   = 54,4 Liter
2. Berechnung des Glanzrußvolumens nach dem Brand: 54,4 Liter x 7 = **380,8 Liter**

Also können bei solch einem (beispielhaften) Schornsteinbrand rund **380 Liter** abgebrannter Glanzruß entstehen.

2.3 Wie kann man Glanzrußbildung vermeiden?

Glanzruß entsteht immer dann, wenn bei der Verbrennung von festen Brennstoffen in einer Feuerstätte nicht ausreichend Sauerstoff zugeführt wird. Das heißt, wenn durch die Luftklappe zu wenig Sauerstoff zur Verbrennung gelangt. Außerdem entsteht Glanzruß dann, wenn Feuerstätten mit falschen Brennstoffen betrieben oder als »Müllverbrennungsanlage« genutzt werden.

In all diesen Fällen kommt es zu einer unvollständigen Verbrennung, bei der Kohlenmonoxid entsteht und in den Schornstein strömt. Eine unvollständige Verbrennung kann außerdem entstehen, wenn Brennholz nicht ausreichend abgetrocknet ist. Konkret heißt das, dass im Holz noch eine relative Feuchte von mehr als 25 Prozent vorhanden ist. Durch diese Feuchtigkeit wird dem Feuer sehr viel Energie entzogen und eine unvollständige Verbrennung herbeigeführt.

Der gleiche Effekt entsteht auch dann, wenn Holz in einem Heizkessel für Koks verbrannt wird. Ein Heizkessel für Koks hat im Gegensatz zu einem Heizkessel für Holz einen wassergekühlten Bodenrost. Dieser bewirkt ebenfalls, dass dem Feuer sehr viel Energie im Bereich des Glutbettes entzogen wird, wobei es dann ebenso zu einer unvollständigen Verbrennung kommt.

2 Was ist ein Schornsteinbrand?

> **Merke:**
> Es sollte immer der richtige Brennstoff mit dem richtigen Feuchtigkeitsgehalt und der richtigen Luftmenge in der passenden Feuerstätte verbrannt werden. Ansonsten kommt es bei festen Brennstoffen zur Glanzrußbildung!

2.4 Holzlagerzeit

Holz sollte nie frisch geschlagen verbrannt werden. In frisch geschlagenem Zustand hat Holz eine etwa sechzigprozentige Feuchtigkeit. Nach ausreichender Lagerung (siehe Tabelle 1) sollte gutes Brennholz noch eine Restfeuchtigkeit von maximal 25 Prozent besitzen.

Tab. 1: *Mindestlagerzeit von Brennholz*

Holzart	Lagerzeit in Jahren
Tanne, Pappel	1
Linde, Weide, Erle, Fichte, Kiefer, Birke	1,5
Buche, Esche, Obstbäume	2
Eiche	2,5

Bei der Lagerung von Brennholz ist Folgendes zu beachten (Bild 5):
- Holz gegen Regen schützen,
- Holz in gerissenem Zustand aufsetzen,
- Holz immer gut belüftet lagern,
- Lagerzeiten einhalten.

2.4 Holzlagerzeit

Bild 5: *Beispiel für eine fachgerechte Lagerung von Brennholz*

3 Bauteile, Baustoffe und bauliche Anlagen

Bauteile sind aus einem oder mehreren Baustoffen gefertigte Teile einer baulichen Anlage, also beispielsweise
- Wände,
- Decken,
- Treppen,
- Stützen sowie
- Schornsteine.

Baustoff ist die Sammelbezeichnung für die im Bauwesen verwendeten Stoffe. Man unterscheidet in
- natürliche Baustoffe und
- künstliche Baustoffe.

Bauliche Anlagen sind mit dem Erdboden verbundene, aus Bauprodukten hergestellte Anlagen. Eine Verbindung mit dem Boden besteht auch dann, wenn die Anlage durch eigene Schwere auf dem Boden ruht, auf ortsfesten Bahnen begrenzt beweglich ist oder nach ihrem Verwendungszweck dazu bestimmt ist, überwiegend ortsfest benutzt zu werden.

3.1 Das Bauteil Schornstein

Ein Schornstein besteht aus verschiedenen Teilen (Bild 6). Er muss in seiner gesamten Länge eine Feuerwiderstandsfähigkeit von 90 Minuten (F 90-A) gemäß DIN 4102 aufweisen.

Die **Schornsteinmündung** ist das obere Ende des Schornsteines, aus dem die Rauchgase ins Freie strömen.

Der **Schornsteinkopf** ist der Teil des Schornsteines, der unter dem Dach anfängt und bis zur Schornsteinmündung geht.

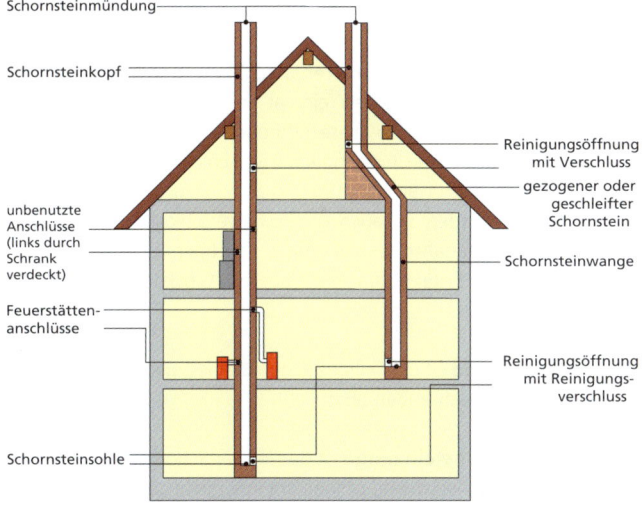

Bild 6: *Aufbau eines Schornsteins (Grafik: W. Kohlhammer GmbH)*

3 Bauteile, Baustoffe und bauliche Anlagen

Dieser Teil ist bei einem Schornsteinbrand besonders gefährdet, weil er an den Holzbauteilen des Daches entlanggeführt und über Dach oft mit Holz verkleidet ist.

Reinigungsöffnungen sind immer an der Sohle eines Schornsteins zu finden. Oft kann man sie auch auf Speichern in den Schornsteinwangen antreffen. Sie müssen mit Reinigungsverschlüssen verschlossen sein.

Gezogene oder **geschleifte Schornsteine** haben im Dachbereich meistens einen Winkel gegenüber der Waagerechten größer 60° und kleiner 90°, um an Balken vorbei zu führen.

Unbenutzte Feuerstättenanschlüsse sind Öffnungen im Schornstein, an denen einmal Feuerstätten angeschlossen waren. Oft wurden diese Öffnungen nach der Demontage der Feuerstätten unsachgemäß verschlossen, sind also nicht feuersicher für 90 Minuten und auch nicht gasdicht. In vielen Fällen wurden sie auch gar nicht verschlossen. Unbenutzte Feuerstättenanschlüsse können sich überall am Schornstein versteckt hinter Schränken, Tapeten, Gipskartonplatten usw. befinden.

Die **Wange** ist der Teil des Schornsteines, der den Schacht im Inneren nach außen abschließt.

Die **Schornsteinzunge** ist der Teil der Schornsteinanlage, der sich zwischen den einzelnen, im Inneren liegenden Schächten befindet.

3.1 Das Bauteil Schornstein

Feuerstättenanschlüsse sind Öffnungen in Schornsteinen, an denen mittels Rauchrohr eine Feuerstätte an den Schornstein angeschlossen ist. Sie sind erlaubte Schwächungen des Schornsteins.

Die **Schornsteinsohle** ist das untere Ende des Schornsteins.

Schornsteinaufsätze sind Schornsteinverlängerungen, z. B. aus Beton oder Stahl, die dazu dienen, den Schornsteinunterdruck zu erhöhen oder für eine bessere Strömung im Bereich der Schornsteinmündung zu sorgen. Es gibt aber auch Hauseigentümer, die sich Schornsteinaufsätze lediglich aus optischen Gründen montieren lassen.

Der **Reinigungsverschluss** verschließt die Reinigungsöffnung. Er muss aus nicht brennbaren Materialien gefertigt sein und der Feuerwiderstandsklasse F 90 entsprechen.

Die Tabelle 2 enthält eine Auswahl von verschiedenen Schichtaufbauten von Schornsteinen

3 Bauteile, Baustoffe und bauliche Anlagen

Tab. 2: *Verschiedene Schichtaufbauten von Schornsteine*

System	Anforderungen	Vorteile
Einschalig gemauerter Schornstein	• standsicher • brandbeständig • rauchgasdicht	
Einschaliger, vollwandiger Schornstein	• standsicher • brandbeständig • rauchgasdicht	• einfache und schnelle Montage
Einschaliger Fertigteil-Schornstein mit Zellen	• standsicher • brandbeständig • rauchgasdicht	• weniger Material • geringes Gewicht • verbesserte Wärmedämmung
Zweischaliger Schornstein	• standsicher • brandbeständig • rauchgasdicht • säurebeständig	• geringer Reibungswiderstand • frei bewegliches Innenrohr

Tab. 2: *Verschiedene Schichtaufbauten von Schornsteine – Fortsetzung*

System	Anforderungen	Vorteile
Dreischaliger Isolierschornstein	• standsicher • brandbeständig • rauchgasdicht • säurebeständig • gut wärmegedämmt	• geringer Reibungswiderstand • frei bewegliches Innenrohr • größerer Einsatzbereich für niedrige Abgastemperaturen
Feuchtigkeitsunempfindlicher Isolierschornstein	• standsicher • brandbeständig • rauchgasdicht • säurebeständig • gut wärmegedämmt • feuchtigkeitsunempfindlich	• geringer Reibungswiderstand • frei bewegliches Innenrohr • größerer Einsatzbereich für niedrige Abgastemperaturen • universell einsetzbar • feuchtigkeitsunempfindlich

3.2 Mängel an Schornsteinen

Die Bilder 5 bis 10 zeigen Mängel und Schwachpunkte an Schornsteinen, die von der Feuerwehr – wenn sie entdeckt werden – grundsätzlich zu beanstanden sind, da diese Mängel für die Hausbewohner eine große Gefahr darstellen können

3 Bauteile, Baustoffe und bauliche Anlagen

(z. B. Erstickungsgefahr durch unsachgemäß verschlossene Öffnungen im Schornstein) und ein Schornsteinbrand die Folge sein kann.

Bild 7: *Verdeckung der Reinigungsöffnung durch eine Holzverkleidung*

Bild 8: *Schornstein mit ausgewaschenen Fugen*

3.2 Mängel an Schornsteinen

Bild 9: *Unsachgemäß versetzter Schornstein*

3 Bauteile, Baustoffe und bauliche Anlagen

Bilder 10a und b: *Unsachgemäß verschlossene Reinigungsöffnung*

3.2 Mängel an Schornsteinen

Bilder 11a und b: *Angebohrte und angeschlagene Schornsteine*

3 Bauteile, Baustoffe und bauliche Anlagen

3.2 Mängel an Schornsteinen

Bilder 12a–d: *Unsachgemäß verschlossene, unbenutzte Feuerstättenanschlüsse*

3 Bauteile, Baustoffe und bauliche Anlagen

3.3 Bedachungen

Die Bedachung ist ein Bestandteil eines Daches, das aus der Dacheindeckung (Dachhaut), z. B. aus Dachziegeln, einschließlich etwaiger Dämmschichten und Dampfsperren mit ihren üblicherweise verwendeten tragenden Unterlagen, z. B. Dachschalung und Abschlüssen für Dachöffnungen wie z. B. Dachkuppeln, besteht.

Außer der Widerstandsfähigkeit gegen Witterungseinflüsse muss eine Bedachung bei bestimmten Gebäuden, wie z. B. Hochhäusern oder Häusern in geschlossener Bauweise, die Ausbreitung eines Brandes auf das Dach und in das Gebäudeinnere verhindern. Man unterscheidet zwei Arten von Bedachungen:

- harte Bedachung und
- weiche Bedachung.

Eine **harte Bedachung** ist eine gegen Flugfeuer und Wärmestrahlung widerstandsfähige Bedachung, beispielsweise Dachziegel aus Beton oder Ton sowie Schiefer. Harte Bedachungen sollen die Brandausbreitung von außen, z. B. von einem in unmittelbarer Nähe brennenden Gebäude oder Schornstein, in das Innere des Gebäudes verhindern.

Eine **weiche Bedachung** ist eine gegen Flugfeuer und Wärmestrahlung nicht hinreichend widerstandsfähige Bedachung, z. B. aus Stroh, Reet oder Holzschindeln. Weiche Bedachungen können zugelassen werden, wenn keine Bedenken wegen des Brandschutzes bestehen (z. B. bei Gebäuden geringer Höhe, die mit einem entsprechenden Abstand von der Nachbargrenze errichtet werden). Bei weicher Bedachung sind Schornsteine für feste Brennstoffe immer 0,80 Meter über den First des Gebäudes zu führen.

3.4 Feuerungsanlagentechnik

Es gibt Feuerungsanlagen
- zur Verfeuerung von **festen Brennstoffen,**
- zur Verfeuerung von **flüssigen Brennstoffen,**
- zur Verfeuerung von **gasförmigen Brennstoffen.**

Wenn es bei Feuerungsanlagen zur Verbrennung von **gasförmigen Brennstoffen** (z. B. Erdgas, Stadtgas oder Biogas) zu einem Brand kommt, kann man die Gaszufuhr am Hausanschlusshahn unterbrechen und – falls vorhanden – die Feuerstätte mittels Heizungsnotschalter stromlos schalten. Anschließend kann der Brand in der Feuerstätte bekämpft werden.

Wenn es bei Feuerungsanlagen zur Verbrennung von **flüssigen Brennstoffen** (z. B. Heizöl) zu einem Brand kommt, kann die Feuerstätte mittels Heizungsnotschalter – sofern vorhanden – stromlos geschaltet werden. Da es bei Feuerstätten zur Verfeuerung von flüssigen Brennstoffen vorkommen kann, dass das Feuer auf den gelagerten Brennstoff in der Feuerstätte oder die Brennstofflagertanks übergreift, ist diese Gefahr besonders zu beachten. Bei Bränden des Brennstofflagers bzw. -tanks ist die Vorgehensweise wie bei der Brandbekämpfung von brennbaren Flüssigkeiten und Dämpfen.

3 Bauteile, Baustoffe und bauliche Anlagen

Wenn es bei Feuerungsanlagen zur Verbrennung von **festen Brennstoffen** (z. B. Holzpellets, Scheitholz, Hackschnitzel) zu einem Brand kommt, kann man die Anlage oft nicht mittels eines Schalters außer Betrieb nehmen. Es gibt zwar in vielen Fällen einen »Not-Aus-Schalter«, dieser ist aber nicht überall vorgeschrieben. Bei einer solchen Anlage ist im Brandfall die Stromzufuhr zu unterbrechen, damit die Förderschnecken und/oder Sauggebläse abgeschaltet werden. Wenn sich der Brand innerhalb von Rohrleitungen befindet, ist dies besonders wichtig. Zur Lokalisierung der Brandstelle(n) empfiehlt sich der Einsatz einer Wärmebildkamera.

Bei Feuerstätten zur Verbrennung von festen Brennstoffen kann man die Zufuhr des Brennstoffs in der Regel zwar unterbrechen, jedoch befindet sich immer noch eine gewisse Brennstoffmenge im Feuerraum, die auf jeden Fall weiter brennen wird. Da es sich um einen brennbaren festen Stoff handelt, kann die Brandbekämpfung mit Wasser erfolgen. Es empfiehlt sich, dem Wasser Netzmittel zuzumischen. Dies gilt besonders dann, wenn es in Lagerräumen von Holzpellets brennt.

Bei Holzpellets gibt es drei verschiedene Fördermöglichkeiten: Handbeschickung, Förderschnecken und/oder Sauggebläse. Handelsübliche Lagerungsarten von Holzpellets sind:
- Holzschrägen (Bild 13),
- Blechsilos (Bild 14),
- Großsacklager (Bild 15),
- Kleinsacklager (Holzpellets abgepackt in 15-kg-Säcke).
- Stahlblechtank (Bild 16)
- Gewebetank (Bild 17)

3.4 Feuerungsanlagentechnik

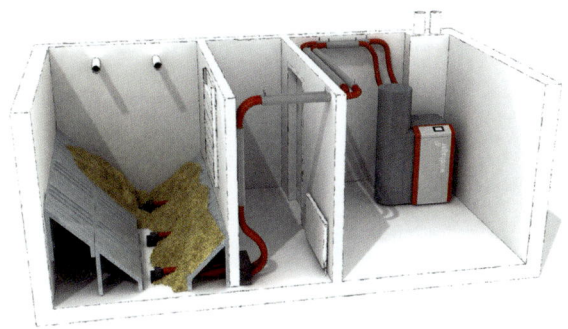

Bild 13: *Lagerung von Holzpellets mit Holzschräge (Grafik: Windhager Zentralheizung GmbH)*

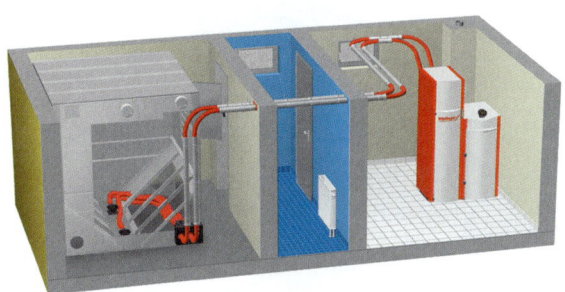

Bild 14: *Lagerung von Holzpellets mit Blechsilo (Grafik: Windhager Zentralheizung GmbH)*

3   Bauteile, Baustoffe und bauliche Anlagen

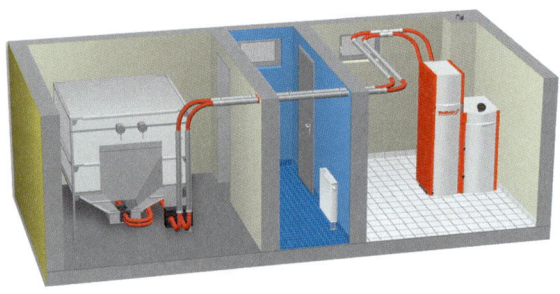

Bild 15: *Lagerung von Holzpellets mit Großsacklager (Grafik: Windhager Zentralheizung GmbH)*

Bild 16: *Lagerung von Holzpellets im Stahlblechtank (Grafik: Windhager Zentralheizung GmbH)*

3.4 Feuerungsanlagentechnik

Bild 17: *Lagerung von Holzpellets im Gewebetank (Grafik: Windhager Zentralheizung GmbH)*

Die Lagerung der Pellets ist abhängig von den örtlichen Begebenheiten. Moderne Anlagen zeichnen sich durch platzsparende Lagerungsmöglichkeiten wie beispielsweise dem Gewebetank aus. Im Einsatz müssen die Feuerwehrangehörigen auf alle Varianten der Lagerung vorbereitet sein.

Die Anforderungen an die Lager- und Heizräume sowie die Feuerungsanlagen haben die Bundesländer nicht einheitlich geregelt. Daher kann an dieser Stelle nur auf die Feuerungsverordnungen der Bundesländer verwiesen werden.

4 Werkzeuge

Das Schornstein-Werkzeug nach DIN ist im Grunde nur dazu geeignet, um das Feuer bei einem Schornsteinbrand unter Kontrolle zu halten. Es ist in der Regel nicht hitzebeständig und kann durch falsche Anwendung zerstört werden. Leinsterne (aus Federstahl oder V4A-Stahl bestehende Teile, die wie ein Stern aussehen) sind beispielsweise für den Einsatz während eines Brandes völlig ungeeignet, da sie sich bei starker Erwärmung sofort verformen und dann nicht mehr zu gebrauchen sind. Sie sind dafür gedacht, im Nachhinein, wenn der Schornsteinbrand verloschen ist, den noch vorhandenen Ruß von den Schornsteinwangen zu kehren.

4.1 Werkzeuge nach DIN 14800-4 bis 2005

Bis Anfang 2005 war das Werkzeug der Feuerwehr für Schornsteinbrände nach DIN 14800-4:1984-04 »Feuerwehrtechnische Ausrüstung für Feuerwehrfahrzeuge; Schornstein-Werkzeugsatz« genormt (Bild 18). Nach dieser Norm enthielt der Schornstein-Werkzeugsatz folgende Ausrüstungsgegenstände:

- 1 x Ausbrennkette (20 m),
- 1 x Karabinerhaken,
- 1 x Aufschlagbolzen,
- 1 x Leinstern,

4.1 Werkzeuge nach DIN 14800-4 bis 2005

Bild 18: *Schornstein-Werkzeugkasten nach DIN 14800-4 bis 2005*

- 1 x Verschraubung,
- 1 x Schlagkette (50 cm),
- 1 x Schlagstück,
- 1 x Notglied,
- 1 x Kugel mit Öse,
- 2 x Stahlstange (2,5 m, verlängerbar),
- 1 x Stoßbesen,

4 Werkzeuge

- 1 x Schultereisen,
- 2 x Kaminspiegel,
- 1 x Schlüsselsatz.

Werkzeuge, die über die DIN 14800-4 (bis 2005) hinaus Sinn machen:

- 1 x Krätzchen,
- 6 x Kettenstücke (1 m),
- 1 x Fallgranate,
- 1 x Rußschaufel,
- 1 x Rollenöffner,
- 6 x Leinsterne,
- 3 x Kratzfedereinlage in kleiner, mittlerer und großer Ausführung,
- 1 x Wasserpumpenzange,
- 1 x Schlitzschraubendreher,
- 1 x Hanfleine (20 m),
- 1 x Schlüsselsatz,
- 1 x Schultereisen,
- 2 x Hitzeschutzhandschuhe,
- 2 x Blecheimer.

Leinsterne (Kehreinlagen) gibt es in verschiedenen Größen und Materialien. Sinn machen folgende Durchmesser:

- aus VA: 20 cm, 25 cm, 30 cm sowie
- aus Federstahl: 20 cm, 25 cm, 30 cm.

Mit den o. g. Werkzeugen ist man für Schornsteinbrände gut gerüstet. Allerdings erhebt die Aufstellung nicht den Anspruch, vollständig zu sein. Sollte sich bei Einsätzen bzw.

4.2 Werkzeuge nach DIN 14800-4:2013-12

Übungen herausstellen, dass weitere Werkzeuge Sinn machen, sollten diese zusätzlich beschafft werden. Nützlich bei der Beschaffung von Schornstein-Werkzeug sind Kataloge für Schornsteinfegerbedarf.

4.2 Werkzeuge nach DIN 14800-4:2013-12

Seit Februar 2005 ist das Werkzeug der Feuerwehr für Schornsteinbrände nach DIN 14800-4:2005-02 und seit 2013 nach DIN 14800-4:2013-12 »Feuerwehrtechnische Ausrüstung für Feuerwehrfahrzeuge – Teil 4: Schornstein-Werkzeugkasten« genormt. In dieser Norm wurden weitere Werkzeuge aufgenommen. Der Schornstein-Werkzeugkasten enthält nach der neuen Norm nun folgende Ausrüstungsgegenstände:

Für Arbeiten an der Schornsteinsohle:
- 1 x Paar Hitzeschutzhandschuhe,
- 1 x Sternschlüssel,
- 1 x Schultereisen,
- 1 x Kohlenschaufel,
- 1 x Kaminspiegel aus Metall, (70 x 100 mm)

Für Arbeiten an der Schornsteinmündung oder an der oberen Reinigungsöffnung:
- 1 x Fallgranate (4 kg),
- 1 x Kugelschlagapparat komplett mit Kette (20 m),
- 1 x Leinstern, mittelhart (250 mm),

4   Werkzeuge

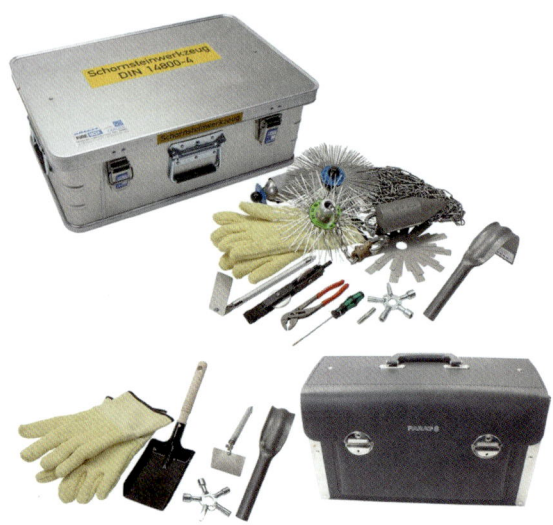

Bild 19: *Schornstein-Werkzeugkasten nach DIN 14800-4:2013-12 (Foto: Dönges GmbH & Co. KG)*

- 2 x Kratzfedereinlage (160, 200 und 240 mm),
- 1 x Schultereisen,
- 1 x Sternschlüssel,
- 1 x Paar Hitzeschutzhandschuhe,
- 1 x Kaminspiegel aus Metall, (70 x 100 mm mit Teleskopgriff)
- 1 x Rollenöffner,
- 2 x Stoßbesen mit Gewinde, (250 mm)

4.3 Handhabung d. Werkzeuge n. DIN 14800-4:2013-12

- 1 x Wasserpumpenzange,
- 1 x Schlitzschraubendreher,
- 2 x Federstahlstangen B, 3 m lang (nicht in den Kasten passend).

Die Werkzeuge für die Reinigungsarbeiten an der Schornsteinmündung beziehungsweise an der oberen Reinigungsöffnung sind zusätzlich in einer Ledertasche mit Umhängeriemen untergebracht (Bild 19).

Werkzeuge, die über die DIN 14800-4:2013-12 hinaus Sinn machen:
- 1 x Krätzchen,
- 6 x Kettenstücke (1 m),
- 6 x Leinsterne,
- 1 x Hanfleine (20 m),
- 2 x Blecheimer.

4.3 Handhabung der Werkzeuge nach DIN 14800-4:2013-12

In diesem Kapitel wird erläutert, welche Funktionen die einzelnen Werkzeuge erfüllen und wie man sie bei einem Schornsteinbrand einsetzen kann.

4 Werkzeuge

Für Arbeiten an der Schornsteinsohle:

Die Hitzeschutzhandschuhe

Hitzeschutzhandschuhe aus Aramid (flammfest, kurzzeitig belastbar bis 1000 °C) sollen die Einsatzkraft, die an der unteren Reinigungsöffnung arbeitet, vor Verbrennungen an den Händen schützen.

Achtung:
Mit hohen Temperaturen muss immer dann gerechnet werden, wenn man Glut aus dem Schornstein in die Schuttmulde zieht. Die Kettenstücke (1 m) sollten grundsätzlich nicht mit diesen Handschuhen aus dem Schornstein gezogen werden, sondern besser mit dem Schultereisen, der Kohlenschaufel oder dem Krätzchen.

Der Sternschlüssel

Der Sternschlüssel aus Stahl wird zum Öffnen verschiedener Verriegelungen von Reinigungsverschlüssen benutzt. Er sollte einen 6 mm-, 7 mm- und 8 mm-Hohlvierkant sowie einen Vollvierkant und einen Innensechskant haben. Das Bild 16 zeigt einen entsprechenden Schlüsselsatz des Schornstein-Werkzeugs nach alter Normung.

4.3 Handhabung d. Werkzeuge n. DIN 14800-4:2013-12

Bild 20: *Schlüsselsatz*

Das Schultereisen

Das Schultereisen mit Hohlrippe oder Rille hat seinen Namen, weil es vom Schornsteinfeger üblicherweise auf der Schulter getragen wird (Bild 21). Mit ihm kann man Reinigungsverschlüsse aufhebeln und Rußablagerungen im Schornstein oder an den Reinigungsverschlüssen abschaben. Es ist ebenfalls dazu geeignet, um an der Sohle Ruß aus dem Schornstein zu holen.

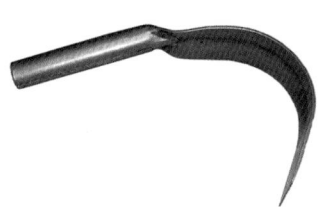

Bild 21: *Schultereisen*

4 Werkzeuge

Die Kohlenschaufel

Die Kohlenschaufel wird benutzt, um den herabgefallenen Ruß aus dem Schornstein oder vom Fußboden in eine Schuttmulde zu geben. Mit ihr kann man aber auch gut die einen Meter langen Kettenglieder aus dem Schornstein holen. Die Kohlenschaufel sollte in ihren Abmessungen so sein, dass sie in die gängigen Reinigungsöffnungen passt (Bild 22).

Bild 22: *Kohlenschaufel*

4.3 Handhabung d. Werkzeuge n. DIN 14800-4:2013-12

Der Kaminspiegel aus Metall

Der Kaminspiegel sollte eine Größe von 70 x 100 mm haben und mit einem Griff und einer Schutzhülle ausgestattet sein (Bild 23). Er dient dazu, den Rußbrand durch die Reinigungsöffnung zu beobachten und zu beurteilen.

Achtung:
Den Spiegel nur nach vorheriger Absprache mit den an der Schornsteinmündung eingesetzten Einsatzkräften verwenden. Sonst besteht die Gefahr, dass der Spiegel von einem Werkzeug, welches von oben in den Schornstein herabgelassen wurde, getroffen wird.

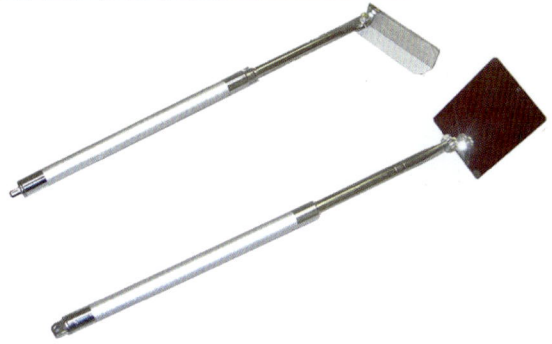

Bild 23: *Kaminspiegel*

4 Werkzeuge

Für Arbeiten an der Schornsteinmündung oder an der oberen Reinigungsöffnung:

Die Fallgranate

Die Fallgranate ist ein etwa vier Kilogramm schweres Eisenteil, das dazu dient, den Schlagapparat an der Kette oder an der Leine im Schornstein nach unten zu ziehen (Bild 24). Man kann die Fallgranate an einem Schornsteinverschluss aber auch alleine an der Kette in den Schornstein ablassen. Dabei ist Folgendes zu beachten: Je schneller die Fallgranate an der verschlossenen Stelle ankommt, umso mehr Durchschlagskraft hat sie. Sie sollte aber nie ohne Kette in den Schornstein geworfen werden, da sie sonst stecken bleiben könnte.

Bild 24: *Fallgranate (Foto: RESS GmbH & Co. KG)*

4.3 Handhabung d. Werkzeuge n. DIN 14800-4:2013-12

Kugelschlagapparat (Kehrgerät)

Der Kugelschlagapparat hat einschließlich der Ausbrennkette eine Länge von 20 Metern und besteht aus mehreren Komponenten (Bild 25):

Bild 25: *Kugelschlagapparat*

4 Werkzeuge

Die Ausbrennkette

Die Ausbrennkette dient dazu, das Kehrgerät oder die Fallgranate in den Schornstein abzulassen (Bild 26). Das Kehrgerät bzw. die Fallgranate wird an der Ausbrennkette mittels Karabinerhaken befestigt. Es ist darauf zu achten, dass die Ausbrennkette nicht zu lange im brennenden Schornstein verbleibt, da sie sonst zu stark erhitzt wird und ihre Zugbelastbarkeit verliert. Sie muss mindestens die Länge des Schornsteines zuzüglich ein Meter haben, damit man das Kehrgerät bzw. die Fallgranate bis zur Sohle herablassen kann.

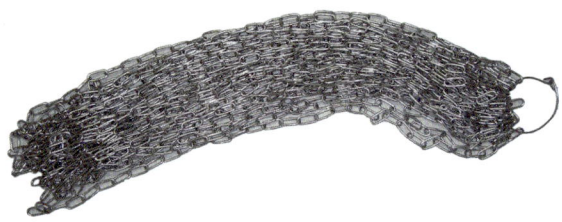

Bild 26: *Ausbrennkette*

4.3 Handhabung d. Werkzeuge n. DIN 14800-4:2013-12

Der Karabinerhaken

Der Karabinerhaken dient dazu, die Ausbrennkette oder die Hanfleine mit dem Kehrgerät oder der Fallgranate zu verbinden. Er sollte eine verschraubbare Sicherung haben, damit er sich nicht unbeabsichtigt öffnet.

Der Aufschlagbolzen

Der Aufschlagbolzen schließt die Kette des Schlagapparates in Richtung der Hanfleine bzw. der Ausbrennkette (20 oder 30 m) ab. An ihm kann an der Oberseite der Karabinerhaken eingehängt werden, an dem die Hanfleine bzw. die Ausbrennkette befestigt wird. Der Aufschlagbolzen dient dazu, die Verschraubung mit den Sternen nach unten zu treiben. So kann man, wenn sich der Schlagapparat nicht von alleine nach unten bewegt, diesen wieder um zirka 40 cm hochziehen und dann erneut fallen lassen. Dabei schlägt der Aufschlagbolzen auf die Verschraubung und treibt diese nach unten.

Der Leinstern

Der Leinstern wird in die Verschraubung zwischen die beiden Federn gelegt und anschließend mit der Verschraubung fixiert. Er kommt nach dem Brand zum Einsatz. Mit ihm wird der Ruß, der nach dem Brand noch an den Wänden haftet, abgekehrt sowie Glutnester freigelegt. Dazu wird das Kehrgerät immer wieder in den Schornstein abgelassen und wieder nach oben gezogen.

4 Werkzeuge

Hinweis:

Zwischendurch sollte regelmäßig der Zustand des Leinsterns überprüft werden, da sich dieser durch die hohen Temperaturen stark verformen kann. Der Leinstern sollte im Durchmesser zwei bis sechs Zentimeter größer als der Innendurchmesser bzw. die Diagonale des Schornsteines sein, dann kehrt er am meisten Ruß ab (Bild 27).

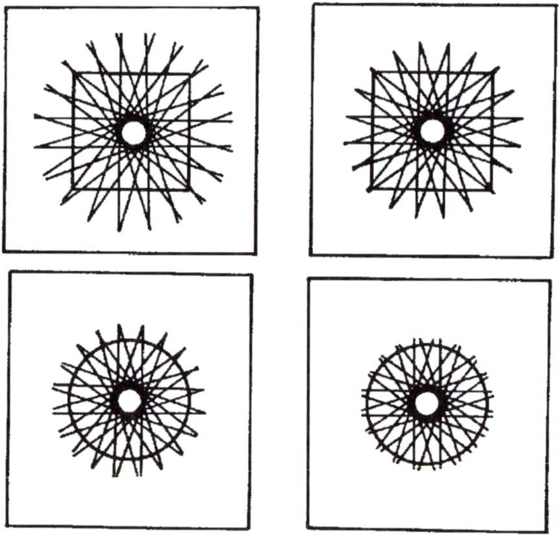

Bild 27: *Der Leinstern sollte im Durchmesser zwei bis sechs Zentimeter größer als der Innendurchmesser bzw. die Diagonale des Schornsteins sein.*

4.3 Handhabung d. Werkzeuge n. DIN 14800-4:2013-12

Das Bild 28 zeigt Leinsterne mit verschiedenen Durchmessern.

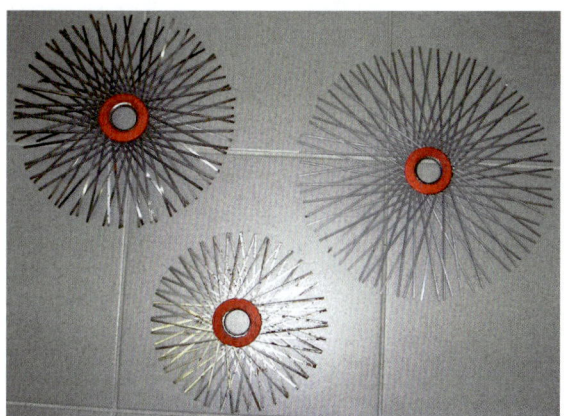

Bild 28: *Leinsterne in verschiedenen Größen*

Die Verschraubung
Die Verschraubung hält die Kehreinlagen in sich fest. Sie kann auf der Kette des Kehrgerätes hin und her gleiten. Man sollte die Verschraubung vor dem Einsatz immer mit der Hand gut festziehen.

Die Schlagkette (50 cm)
Die Schlagkette verbindet den Aufschlagbolzen mit der Kugel (siehe auch Bild 25). Auf ihr ist die Verschraubung frei beweglich. Am besten ist eine Flaschenzugkette geeignet, die aus 28 mm langen, 17 mm breiten und 4 mm starken Stahlglie-

4 Werkzeuge

Bild 29: *Schlagkette mit Kugel und Schlagstück*

dern besteht. Die Schlagkette sollte zwischen 35 und 50 Zentimeter lang sein.

Das Schlagstück
Das Schlagstück schließt die Schlagkette in Richtung der Kugel ab (Bild 29). Es sorgt dafür, dass die Verschraubung sich nicht am Notglied verklemmen kann. Das Schlagstück sitzt auf dem letzten Kettenglied der Schlagkette und wird vom Notglied an seiner Position gehalten.

Das Notglied
Das Notglied verbindet die Kugel mit Öse sowie die Schlagkette miteinander und hält das Schlagstück auf seiner Position. Es ist

4.3 Handhabung d. Werkzeuge n. DIN 14800-4:2013-12

das schwächste Glied im Schlagapparat. Deshalb sollte man auf das Notglied ein besonderes Augenmerk legen. Es könnte sich aufgrund starker Erhitzung aufbiegen und ist dann auszutauschen.

Die Kratzfedereinlagen (160,200 und 240 mm)
Die Kratzfedereinlagen sind speziell für das Abkehren von Glanzruß geeignet (Bild 30). Achtung: Wenn es zu heiß ist, verformen sie sich sehr schnell. Deshalb kommen Kratzfedereinlagen erst zum Einsatz, wenn der akute Brand abgeklungen ist. Aber auch dann ist die Verweildauer der Einlagen im Schornstein möglichst kurz zu halten.

Bild 30: *Kratzfedereinlagen (Foto: RESS GmbH & Co. KG)*

4 Werkzeuge

Das Schultereisen
Beschreibung siehe Seite 41.

Der Sternschlüssel
Beschreibung siehe Seite 40.

Die Hitzeschutzhandschuhe
Beschreibung siehe Seite 40.

Der Kaminspiegel aus Metall
Beschreibung siehe Seite 43.

Der Rollenöffner
Der Rollenöffner dient dazu, in Verbindung mit der Federstahlstange den Schornstein freizuhalten, sodass dieser durch den aufquellenden Glanzruß nicht verstopft werden kann. Zur besseren Führung im Schornstein sind in den Meißel zwei versetzt angeordnete Rollen eingelassen (Bild 31). Der Rollenöffner wird mittels des am unteren Ende angebrachten Gewindes an der Federstahlstange befestigt.

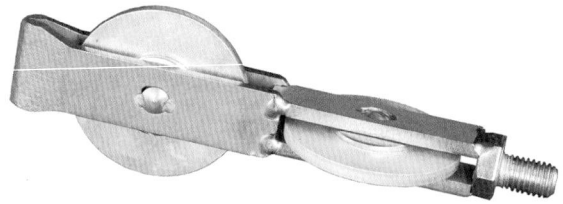

Bild 31: *Rollenöffner (Foto: Foto: RESS GmbH & Co. KG)*

4.3 Handhabung d. Werkzeuge n. DIN 14800-4:2013-12

Der Stoßbesen mit Gewinde 250 mm

Der Stoßbesen wird auf die Federstahlstangen aufgeschraubt, um den abgebrannten Glanzruß nach oben abzukehren (Bild 32). Er kommt immer dann zum Einsatz, wenn man das Kehrgerät nicht von der Mündung aus in den Schornstein ablassen kann.

Achtung:

Der Stoßbesen ist sehr temperaturempfindlich. Wenn er zu heiß wird, drehen sich die einzelnen Borsten nach oben und er ist damit wirkungslos und somit zerstört.

Bild 32: *Stoßbesen*

4 Werkzeuge

Die Wasserpumpenzange
Die Wasserpumpenzange wird benötigt, um den Sicherheitsbolzen aus dem Aufschlagbolzen zu ziehen, damit man die Verschraubung von der Schlagkette entfernen und die Kehreinlagen wechseln kann. Ebenso kann man mit ihr Schornsteinhauben oder Abdeckplatten entfernen, wenn diese im Weg sind.

Der Schlitzschraubendreher
Der Schlitzschraubendreher wird benötigt, falls sich der Sicherheitsbolzen nicht mehr aus dem Aufschlagbolzen ziehen lässt, um die Federsicherung zu entfernen.

Die Federstahlstangen (nicht in den Kasten passend)
Die Federstahlstangen sollen »Typ B« entsprechen. Sie sind drei Meter lang und bestehen aus drei gedrehten Federstählen mit einem Einzeldurchmesser von 3,8 Millimeter. Die Stangen können mit einem Stangen- oder Bajonettverbinder miteinander verbunden werden und haben jeweils eine Endkugel, die dem besseren Greifen dient (Bild 33). Federstahlstangen kommen immer dann zum Einsatz, wenn man im Schornstein nach oben arbeiten muss. Auf sie wird entweder der Rollenöffner oder der Stoßbesen aufgeschraubt. Wegen ihres federnden Verhaltens besteht eine erhöhte Unfallgefahr. Aus diesem Grund sollten die Stangen nur dann miteinander verbunden werden, wenn dies unbedingt notwendig ist.

In diesem Fall ist es sinnvoll, wenn eine Einsatzkraft das Ende der Stangen hält und eine zweite Einsatzkraft die Stangen in die Reinigungsöffnung schiebt.

4.3 Handhabung d. Werkzeuge n. DIN 14800-4:2013-12

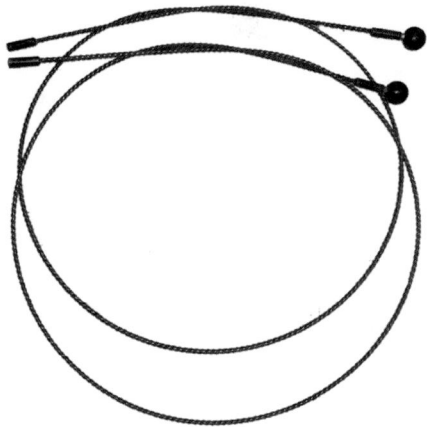

Bild 33: *Verlängerbare Stahlstangen*

Weitere sinnvolle Werkzeuge

Das Krätzchen

Das Krätzchen ist zum Herausziehen des Rußes bzw. der Glut an der Sohle des Schornsteines gedacht (Bild 34). Es sollte eine Grifflänge von zirka 45 Zentimetern haben, damit es in die Normkiste passt. Das Schild, auch Blatt genannt, sollte nicht breiter als 9,5 Zentimeter und etwa vier Zentimeter hoch sein, da es sonst nicht in die Reinigungsöffnungen passt. Das Krätzchen kann aus normalem Stahl oder aus VA-Stahl bestehen und sollte am Ende des Griffes so geformt sein, dass man es gut greifen und eine gewisse Kraft damit ausüben kann.

4 Werkzeuge

Bild 34: *Krätzchen*

Kettenstücke (1 m)

Bei den Kettenstücken ist darauf zu achten, dass sie ein gewisses Gewicht aufweisen, aber auch nicht zu schwer sind. Sehr gut eignen sich Rundstahlketten, deren Glieder verschweißt sind (Bild 35). Die Kette muss keiner Güteklasse angehören, da sie keinerlei Zugbelastungen aufnehmen muss. Am besten sind Ketten mit einem Materialdurchmesser von 13, 16 oder 18 mm geeignet (Tabelle 3, Bild 36).

4.3 Handhabung d. Werkzeuge n. DIN 14800-4:2013-12

Bild 35: *Kettenstücke*

Tab. 3: *Verschiedene Ausführungen von Kettenstücken*

Durchmesser mm	Tiefe mm	Breite mm	Gewicht kg/m
13	39	48,1	3,8
16	48	59,2	5,7
18	54	66,6	7,3

4 Werkzeuge

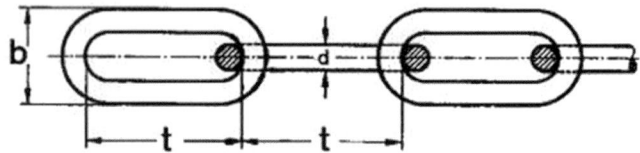

Bild 36: *Abmessungen der Kettenstücke (Grafik: W. Kohlhammer GmbH)*

Leinsterne

Leinsterne (Kehreinlagen) gibt es in verschiedenen Größen und Materialien. Zusätzlich zu dem in DIN 14800-4:2013-12 vorgesehenen Leinstern (mittelhart, Durchmesser 250 mm) sind folgende Leinsterne sinnvoll:

- aus VA: 20, 25 und 30 cm Durchmesser sowie
- aus Federstahl: 20, 25 und 30 cm Durchmesser.

Hanfleine (20 m)

Sinnvoll ist auch eine Hanfleine aus Langhanf. Bei dieser Leine wird von jeweils vier Kornhanffasern eine Kardelle oder Litze gedreht. Aus vier dieser Litzen besteht die Hanfleine. Der Durchmesser sollte mindestens zwölf Millimeter betragen, aber auch nicht viel größer sein. Man unterscheidet in S-Leinen und Z-Leinen (Bild 37). Für die Feuerwehr ist es jedoch völlig egal, welche Leine verwendet wird. Die Hanfleine ist in der Lage, die Temperaturen, die im Schornstein nach einem Brand herrschen, zu überstehen. Man setzt die Leine aber erst dann ein, wenn der Schornstein ausgebrannt ist und man ihn von den letzten Glutnestern befreien will. Hierzu lässt man den

4.3 Handhabung d. Werkzeuge n. DIN 14800-4:2013-12

Schlagapparat mit den passenden Einlagen so oft wie notwendig in den Schornstein ab und zieht ihn wieder hoch. Da dieser Vorgang relativ oft geschehen muss, ist es sinnvoll, anstatt der Kette eine Hanfleine zu verwenden.

Bild 37: *Hanfleine in S- (links) und in Z-Ausführung (rechts)*

4 Werkzeuge

Blecheimer

Es können die genormten Blecheimer der Feuerwehr oder auch einfachere Ausführungen aus dem Baumarkt verwendet werden (Bild 38). Die Blecheimer dienen dazu, die Kettenstücke, die in den Schornstein geworfen werden, wieder nach oben zu befördern. Bei der Verwendung der Eimer ist darauf zu achten, dass diese nur auf hitzebeständigen Untergründen abgestellt werden.

Achtung:
Verbrennungsgefahr! Die Eimer sollten auf keinen Fall mit Wasser gefüllt werden, da es zu einer enormen Dampfentwicklung kommt, wenn die heißen Ketten mit Wasser in Berührung kommen.

Bild 38: *Verschiedene Ausführungen von Blecheimern (Foto Mitte: Murer-Feuerschutz GmbH)*

4.4 Pflege und Instandhaltung der Werkzeuge

Die meisten Werkzeuge bestehen aus Stahl, Federstahl oder Stahlguss. Das bedeutet, dass sie sehr korrosionsanfällig sind (Bild 39). Einige Teile sind feuerverzinkt. Allerdings ist von der Feuerverzinkung nach dem ersten Einsatz meist nichts mehr zu sehen, da Zink einen Schmelzpunkt von 419,5 °C und einen Siedepunkt von 907 °C hat und die Temperaturen bei einem Schornsteinbrand wesentlich höher sein können.

Bild 39: *Korrodiertes Werkzeug*

4 Werkzeuge

Achtung:
Zinkdämpfe sind giftig! Dieser Umstand muss gerade beim Einsetzen neuer Werkzeuge beachtet werden.

Damit die Werkzeuge nicht nach kurzer Zeit rosten, sollten folgende Pflege- und Reinigungshinweise beachtet werden:

1. Immer für eine trockene Lagerung sorgen. Dies ist mit dem Schornstein-Werkzeugkasten nach DIN 14800-4:2013-12 gut möglich. Im Handel sind kleine Beutel mit Trockenpulver erhältlich. Diese kann man zusätzlich in den Werkzeugkasten legen. Sie entziehen der Luft im Kasten die Feuchtigkeit.
2. Nach jedem Einsatz sollte man alle verschmutzten Teile mit einer Messingdrahtbürste gründlich reinigen und anschließend mit Druckluft abblasen.
3. Blanke Stahlteile sind nach der Reinigung und spätestens alle sechs Monate einzuölen. Hierzu kann man ein Tuch benutzen oder man sprüht die Teile ein. Ein dünner Ölfilm sollte alles umschließen. Hierzu eignen sich Motor- oder Schmieröle, aus Umweltschutzgründen können aber auch Bioöle verwendet werden.

Es ist darauf zu achten, dass sich die Werkzeuge in ihrer Form nicht verändern. Falls sich einzelne Teile bei der Benutzung verformt haben, sind diese auszutauschen. Wenn Teile bei einem Einsatz zu einem hellen, roten Glühen gebracht wurden, sind diese ebenfalls zu ersetzen. Bei weiteren Fragen kann man sich an den zuständigen Bezirksschornsteinfegermeister oder seine Mitarbeiter wenden.

5 Ausbildung

Die Ausbildung im Bereich »Schornsteinbrände« sollte jährlich in theoretischer und praktischer Form erfolgen. Zur Unterstützung stehen oft auch die Bezirksschornsteinfegermeister gerne für einen Übungsabend zur Verfügung.

5.1 Theoretische Ausbildung für Feuerwehrführungskräfte

Der theoretische Teil der Ausbildung sollte sich intensiv mit den Kapiteln 3.2 »Mängel an Schornsteinen« und 7 »Taktisches Vorgehen« befassen, da vielen Führungskräften Erfahrungen mit Schornsteinbränden fehlen. Führungskräfte, die schon Schornsteinbrandeinsätze hatten, können hier von ihren Erfahrungen berichten. Dabei sollte selbstkritisch vorgegangen und Einsatzentscheidungen auch zur Diskussion gestellt werden.

Selbstverständlich dürfen bei der theoretischen Ausbildung auch die Gerätekunde und die Handhabung der speziellen Werkzeuge nicht vernachlässigt werden. Außerdem ist auf die Unfallverhütungsvorschriften (UVV), insbesondere in den Bereichen Leitern, Atemschutz und Absturzsicherung, einzugehen.

5 Ausbildung

5.2 Theoretische Ausbildung für Feuerwehreinsatzkräfte

Der theoretische Teil der Ausbildung für die Feuerwehreinsatzkräfte sollte intensiv auf die praktische Anwendung der Werkzeuge vorbereiten (Vorstellung der Werkzeuge, Handhabung, Gefahren, Pflege usw.). Auch die Einsatzkräfte müssen die Vorgänge im Inneren eines Schornsteins bei einem Schornsteinbrand kennen, damit sie die Werkzeuge im Einsatz gezielt und richtig einsetzen können. Ebenso ist in der theoretischen Ausbildung auf die UVV einzugehen, insbesondere in den Bereichen Leitern, Atemschutz und Absturzsicherung.

5.3 Gestaltung von praktischen Übungen

Übungen sollten grundsätzlich interessant, kurzweilig und lehrreich gestaltet sein. Im Rahmen einer praktischen Übung sollen sich die Feuerwehrangehörigen mit den Geräten vertraut machen. Am besten ist es, zur Auffrischung mit der Gerätekunde zu beginnen und dabei das Kehrgerät auch einmal in alle Einzelteile zu zerlegen und wieder zusammenzubauen. Es empfiehlt sich, die Handhabung der Geräte an einem Schornstein zu üben. Dabei gilt es Folgendes zu beachten:

- Wenn möglich, auf einem Flachdach üben, da dort mehr Platz vorhanden ist und man sicherer arbeiten kann. (Wichtig: mindestens zwei Meter Abstand zur Absturzkante einhalten!)

5.3 Gestaltung von praktischen Übungen

- Der Schornstein sollte möglichst aus Mauerziegeln gemauert sein. Andere Schornsteine könnten beim Üben Schaden nehmen.
- Beim Üben ist darauf zu achten, dass der Ablauf – wie in Kapitel 7 beschrieben – regelmäßig wiederholt wird, damit auch bei einem Einsatz alles geordnet abläuft und jeder weiß, was er zu tun hat (Automatisierung).
- Bei Unsicherheiten, ob man an einem bestimmten Schornstein üben kann, sollte man auf jeden Fall den zuständigen Bezirksschornsteinfegermeister um Rat fragen (… und selbstverständlich den Hausbesitzer vorher um Erlaubnis bitten).
- Wenn beim Üben Beschädigungen aufgetreten sind oder entdeckt wurden, ist dies unverzüglich dem zuständigen Bezirksschornsteinfegermeister zu melden.
- Wenn möglich, in Gruppenstärke üben. Aber auch Abweichungen der Aufgabenverteilung bei mehr oder weniger Personal ansprechen.
- Bei Übungen auf geneigten Dächern sind alle Einsatzkräfte, bei denen ein Abstürzen oder Einbrechen nicht sicher auszuschließen ist, entsprechend zu sichern! Die Sicherung erfolgt mit dem Feuerwehr-Haltegurt und der Feuerwehrleine oder besser noch mit den Gerätschaften aus einem Absturzsicherungsgerätesatz (abhängig von der örtlichen Fahrzeugbeladung).

6 Einsatz

Bei einem Schornsteinbrand ist – wie bei einem normalen Brandeinsatz auch – grundsätzlich nach Feuerwehr-Dienstvorschrift (FwDV) 3 »Einheiten im Lösch- und Hilfeleistungseinsatz« vorzugehen. So ist auch hier die Gruppe mit einer Mannschaftsstärke von 1/8/9 die taktische Grundeinheit. Allerdings sollte der Einheitsführer bzw. Einsatzleiter auch auf Situationen vorbereitet sein, bei denen mehr oder – im schlechtesten Fall – weniger Personal zur Verfügung steht. Da ein Schornsteinbrand-Einsatz in der Regel zwei bis vier Stunden dauert, sollten die eingesetzten Kräfte bei Bedarf ausgetauscht werden können, insbesondere auch deshalb, weil die Arbeiten teilweise sehr kräftezehrend sind.

Ein Schornsteinbrand ist kein »Kinderspiel-Einsatz«! Vielmehr zeugt es von viel Können und Disziplin, ein Feuer bewusst weiter brennen zu lassen und es über Stunden zu kontrollieren.

Der Führungsvorgang bei einem Schornsteinbrand unterteilt sich nach Feuerwehr-Dienstvorschrift 100 »Führung und Leitung im Einsatz« in die drei Phasen

- Lagefeststellung (Erkundung/Kontrolle),
- Planung (Beurteilung und Entschluss),
- Befehlsgebung (Bild 40).

6.1 Lagefeststellung

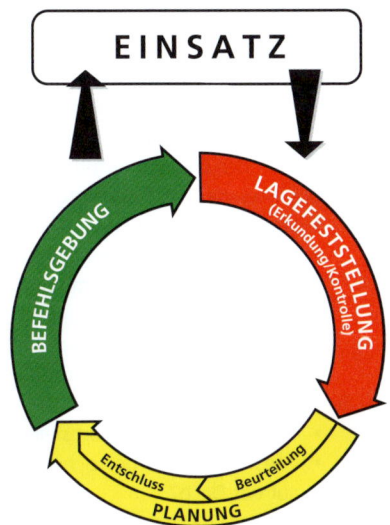

Bild 40: *Kreisschema des Führungsvorgangs nach FwDV 100*

6.1 Lagefeststellung

Die Lagefeststellung besteht aus der Erkundung und der Kontrolle. Sie ist zielgerichtet und auf die Führungsebenen bezogen durchzuführen.

Die **Erkundung** ist die erste Phase des Führungsvorganges. Sie ist die Grundlage für die Entscheidungsfindung und um-

6 Einsatz

fasst das Sammeln und Aufbereiten der erreichbaren Informationen über Art und Umfang der Gefahrenlage beziehungsweise des Schadenereignisses sowie über die Dringlichkeit und die Möglichkeit einer Abwehr und Beseitigung vorhandener Gefahren und Schäden. (FwDV 100)

Im Rahmen der Erkundung muss bei einem Schornsteinbrand beispielsweise Folgendes festgestellt werden:

- Sind noch Menschen im Gebäude?
- Befindet sich das Feuer nur im Schornstein oder sind auch angrenzende Räume betroffen?
- Wo brennt der Schornstein im Inneren?
- Wie ist der Schornstein beschaffen?
- Liegen Mängel oder Beschädigungen am Schornstein vor?
- Welcher Zug einer Schornsteingruppe ist betroffen?
- Wie kommt der Trupp sicher ins Dachgeschoss oder auf das Dach?
- Wo liegt der untere Reinigungsverschluss und wie kommt der Trupp dorthin?
- Wie ist das Dach beschaffen (Bedachung)?
- Wie ist die Wasserversorgung an der Einsatzstelle?

6.2 Planung

Planung ist systematisches Bewerten von Informationen und Fakten und daraus sich ergebenden Feststellungen von Maßnahmen. Die Planung beinhaltet:

- die Beurteilung und
- den Entschluss.

6.2 Planung

Die Planung ist so durchzuführen, dass es weder zu überstürztem Handeln kommt, noch zeitgerechtes Handeln verhindert wird. Die Planung muss klar, einfach und ausführbar sein.

Die **Kontrolle** ist die Überprüfung der Umsetzung des Entschlusses und somit der Vergleich der umgesetzten Maßnahmen mit der Absicht der Führungskräfte. (FwDV 100)

7 Taktisches Vorgehen

Unter Taktik versteht man das überlegte und geplante Vorgehen. Dieses soll unter optimalem Einsatz von Personal und Material unter Berücksichtigung möglichst vieler Wahrscheinlichkeiten erfolgen.

Bei den folgenden Beispielen wird davon ausgegangen, dass es sich um ein Haus mit Keller, zwei Vollgeschossen und einem Dachgeschoss handelt. Dies trifft natürlich nicht auf alle Einsatzstellen zu. Man kann aus diesem Schema jedoch viele andere Szenarien ableiten. Die grundsätzliche Aufgabenverteilung bleibt dabei gleich.

In den Beispielen werden lediglich die Aufgaben bei einem Schornsteinbrand beschrieben. Grundsätzlich sind hier die Feuerwehr-Dienstvorschriften 3 »Einheiten im Lösch- und Hilfeleistungseinsatz« und 7 »Atemschutz« zu beachten. Sollten Bereiche im Inneren des Gebäudes verraucht sein, müssen die dort eingesetzten Kräfte (z. B. Schlauchtrupp) selbstverständlich auch mit Atemschutz ausgerüstet sein. Dies bedarf dann auf jeden Fall einer Nachforderung von weiteren Einheiten, da nach Feuerwehr-Dienstvorschrift 7 für die eingesetzten Atemschutztrupps mindestens ein Sicherheitstrupp bereitgehalten werden muss.

Andere Aufgabenverteilungen können durch den Einheitsführer bestimmt werden.

7.1 Aufgabenverteilung bei einer Gruppe

Aufgabenverteilung (Beispiel):

Einheitsführer (Ausrüstung: PSA/ Handlampe/Einsatzstellenfunk)	Der Einheitsführer führt seine Einheit. Er ist an keinen bestimmten Platz gebunden. Er kontrolliert den Schornstein in allen Geschossen, z. B. mit einer Wärmebildkamera.
Maschinist (Ausrüstung: PSA)	Der Maschinist ist Fahrer und bedient die Feuer- löschkreiselpumpe. Er unterstützt bei der Entnahme der Geräte. Auf Befehl übernimmt er die Atemschutzüberwachung.
Melder (Ausrüstung: PSA)	Der Melder übernimmt besondere Aufgaben; beispielsweise bei der Lagefeststellung, beim Betreuen von Personen sowie bei der Informationsübertragung.
Angriffstruppführer (Ausrüstung: PSA/ Handlampe/Einsatzstellenfunk/PA/Feuerwehrleine)	Der Angriffstruppführer übernimmt die Arbeiten an der Schornsteinmündung oder am oberen Reinigungsverschluss. Auf Befehl trägt er Atemschutz (und Absturzsicherung).
Angriffstruppmann (Ausrüstung: PSA/PA/ Feuerwehrleine)	Der Angriffstruppmann arbeitet dem Angriffstruppführer zu. Er bereitet die Gerätschaften vor.

7 Taktisches Vorgehen

Wassertruppführer (Ausrüstung: PSA/ Handlampe/Einsatzstellenfunk/PA/Feuerwehrleine)	Der Wassertruppführer steht mit seinem Truppmann mit PA (nicht angeschlossen) und einem C-Rohr in Bereitschaft. Er greift dann ein, wenn der Einheitsführer ihm den Befehl dazu gibt, z. B. wenn das Feuer außerhalb des Schornsteins etwas in Brand gesetzt hat.
Wassertruppmann (Ausrüstung: PSA/PA/ Feuerwehrleine)	Der Wassertruppmann steht mit seinem Truppführer mit PA (nicht angeschlossen) und einem C-Rohr in Bereitschaft. Er greift dann ein, wenn der Einheitsführer dem Truppführer den Befehl dazu gibt, z. B. wenn das Feuer außerhalb des Schornsteins etwas in Brand gesetzt hat.
Schlauchtruppführer (Ausrüstung: PSA/ Handlampe/Einsatzstellenfunk/Feuerwehrleine)	Der Schlauchtruppführer und sein Truppmann legen zuerst die C-Leitung vom Wassertrupp zum Verteiler. Anschließend besetzt der Schlauchtruppführer den Platz an der unteren Reinigungsöffnung. Er ist dafür zuständig, dass dort der abgebrannte Glanzruß aus dem Schornstein geholt wird.

7.1 Aufgabenverteilung bei einer Gruppe

Schlauchtruppmann
(Ausrüstung: PSA/ Feuerwehrleine)

Der Schlauchtruppmann und sein Truppführer legen zuerst die C-Leitung vom Wassertrupp zum Verteiler. Der Schlauchtruppmann ist dann dafür verantwortlich, alle Gerätschaften, die der Angriffstrupp zusätzlich benötigt, bereitzustellen. Er trägt auch die 1-m-Kettenstücke von der unteren Reinigungsöffnung wieder zum Angriffstrupp nach oben. Des Weiteren trägt er die Asche von der unteren Reinigungsöffnung ins Freie und sorgt dafür, dass diese keine Brandgefahr mehr darstellt.

7 Taktisches Vorgehen

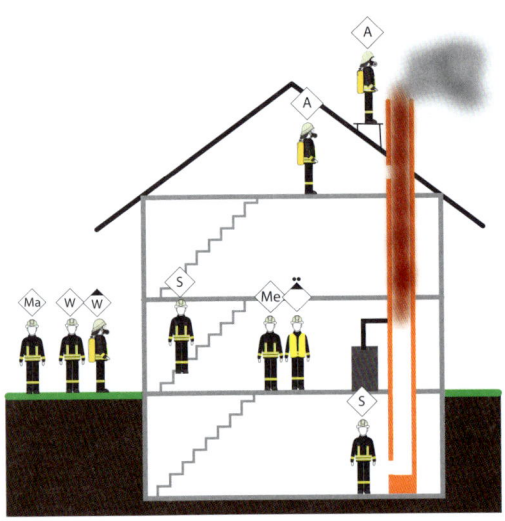

Bild 41: *Aufgabenverteilung bei einer Gruppe vor Ort (Grafik: W. Kohlhammer GmbH)*

7.2 Aufgabenverteilung bei mehr als einer Gruppe

Aufgabenverteilung (Beispiel):

Einheitsführer (Ausrüstung: PSA/ Handlampe/Einsatzstellenfunk)	Der Einheitsführer führt seine Einheit. Er ist an keinen bestimmten Platz gebunden. Er kontrolliert den Schornstein in allen Geschossen, z. B. mit einer Wärmebildkamera.
Maschinist (Ausrüstung: PSA)	Der Maschinist ist Fahrer und bedient die Feuerlöschkreiselpumpe. Er unterstützt bei der Entnahme der Geräte. Auf Befehl übernimmt er die Atemschutzüberwachung.
Melder (Ausrüstung: PSA)	Der Melder übernimmt besondere Aufgaben; beispielsweise bei der Lagefeststellung, beim Betreuen von Personen sowie bei der Informationsübertragung.
Angriffstruppführer (Ausrüstung: PSA/ Handlampe/Einsatzstellenfunk/PA/Feuerwehrleine)	Der Angriffstruppführer übernimmt die Arbeiten an der Schornsteinmündung oder am oberen Reinigungsverschluss. Auf Befehl trägt er Atemschutz (und Absturzsicherung).
Angriffstruppmann (Ausrüstung: PSA/PA/ Feuerwehrleine)	Der Angriffstruppmann arbeitet dem Angriffstruppführer zu. Er bereitet die Gerätschaften vor.

7 Taktisches Vorgehen

Wassertruppführer (Ausrüstung: PSA/ Handlampe/Einsatzstellenfunk/PA/Feuerwehrleine)	Der Wassertruppführer steht mit seinem Truppmann mit PA (nicht angeschlossen) und einem C-Rohr in Bereitschaft. Er greift dann ein, wenn der Einheitsführer ihm den Befehl dazu gibt, z. B. wenn das Feuer außerhalb des Schornsteins etwas in Brand gesetzt hat.
Wassertruppmann (Ausrüstung: PSA/PA/ Feuerwehrleine)	Der Wassertruppmann steht mit seinem Truppführer mit PA (nicht angeschlossen) und einem C-Rohr in Bereitschaft. Er greift dann ein, wenn der Einheitsführer dem Truppführer den Befehl dazu gibt, z. B. wenn das Feuer außerhalb des Schornsteins etwas in Brand gesetzt hat.
Schlauchtruppführer (Ausrüstung: PSA/ Handlampe/Einsatzstellenfunk/Feuerwehrleine)	Der Schlauchtruppführer und sein Truppmann legen zuerst die C-Leitung vom Wassertrupp zum Verteiler. Anschließend besetzt der Schlauchtruppführer den Platz an der unteren Reinigungsöffnung. Er ist dafür zuständig, dass dort der abgebrannte Glanzruß aus dem Schornstein geholt wird.
Schlauchtruppmann (Ausrüstung: PSA/ Feuerwehrleine)	Der Schlauchtruppmann und sein Truppführer legen zuerst die C-Leitung vom Wassertrupp zum Verteiler. Anschließend besetzt der Schlauchtruppmann den Platz an der unteren Reinigungsöffnung. Er handelt dort auf Weisung seines Truppführers. Er trägt die Asche von der unteren Reinigungsöffnung ins Freie und sorgt dafür, dass diese keine Brandgefahr mehr darstellt.

7.2 Aufgabenverteilung bei mehr als einer Gruppe

Zusatztruppführer
(Ausrüstung: PSA/
Feuerwehrleine)

Zusatztruppmann
(Ausrüstung: PSA/
Feuerwehrleine)

Der Zusatztruppführer und sein Truppmann sind dafür verantwortlich, alle Gerätschaften, die der Angriffstrupp zusätzlich benötigt, bereitzustellen. Sie tragen auch die 1-m-Kettenstücke von der unteren Reinigungsöffnung wieder zum Angriffstrupp nach oben.

7 Taktisches Vorgehen

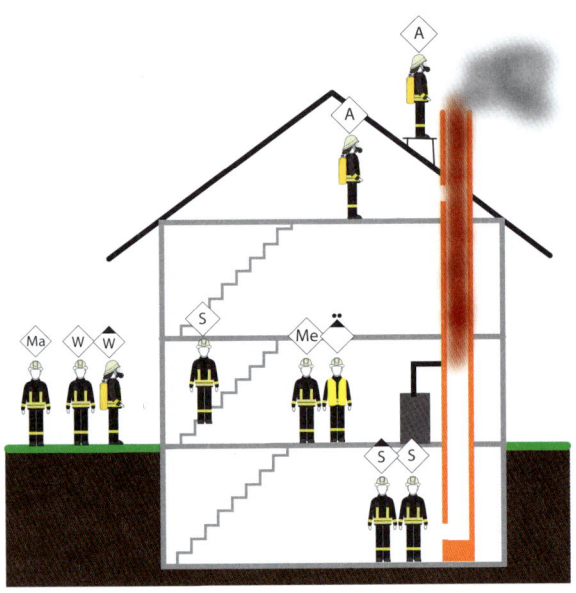

Bild 42: *Aufgabenverteilung bei mehr als einer Gruppe vor Ort (Grafik: W. Kohlhammer GmbH)*

7.4 Gefahr durch Wasser bei Schornsteinbränden

7.3 Einsatz von Feuerlöschern

Ein Schornsteinbrand ist mittels Feuerlöscher nicht zu löschen, auch nicht mit mehreren Feuerlöschern! Einen Feuerlöscher sollte man nur dann einsetzen, wenn man den Schornsteinbrand kurzzeitig verlangsamen will. Hierfür sind ABC-Pulverlöscher sowie CO2-Löscher geeignet.

Das Löschmittel ist durch die untere Reinigungsöffnung in den Schornstein einzublasen, da sich das Pulver bzw. CO2 dann mit dem Auftrieb im Schornstein ausbreiten kann (Bild 43). Nach dem Einblasen des Löschmittels muss der Reinigungsverschluss sofort wieder verschlossen werden, damit das Löschmittel solange wie möglich im Schornstein bleibt und dem Feuer kein zusätzlicher Sauerstoff zugeführt wird.

Merke:
Schornsteinbrände lassen sich nicht mit Feuerlöschern löschen!

7.4 Warum ist Wasser bei Schornsteinbränden so gefährlich?

Bei einem Schornsteinbrand sind Temperaturen von bis zu 1 500 °C möglich, wobei aus einem Liter Wasser innerhalb von Sekundenbruchteilen 1 700 Liter Wasserdampf entstehen können. Durch diese Volumenzunahme baut sich im Inneren des Schornsteins ein großer Druck auf. Das führt dazu, dass heißer Wasserdampf aus allen Öffnungen des Schornsteines explo-

7 Taktisches Vorgehen

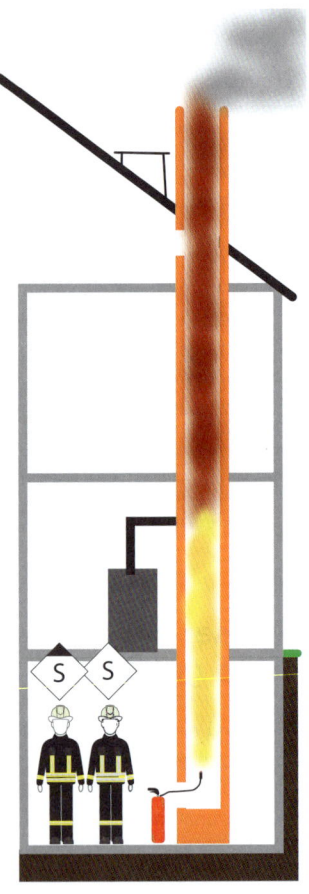

Bild 43: *Mit Feuerlöschern lassen sich Schornsteinbrände nicht gut löschen, aber eventuell verlangsamen. (Grafik: W. Kohlhammer GmbH)*

7.5 Maßnahmen zur Vermeidung einer Brandausbreitung

sionsartig entweichen und dabei die Einsatzkräfte verbrühen kann. Da der Druck oft nicht ausreichend abgebaut werden kann, ist es möglich, dass der Schornstein an einer Stelle reißt oder regelrecht »gesprengt« wird. An dieser Stelle kommt es dann zu einer Brandausbreitung auf die angrenzenden Räume.

> **Merke:**
> Niemals versuchen mit Wasser einen Schornsteinbrand zu löschen!

7.5 Maßnahmen zur Vermeidung der Ausbreitung eines Schornsteinbrandes

Außerhalb des Gebäudes:

Wenn es beim Schornsteinbrand zum Funkenflug kommt, was meistens der Fall ist, ist es wichtig sicherzustellen, dass die Umgebung des Gebäudes und die Dachhaut, sowie die Dachkonstruktion und die Schornsteinkopfverkleidung kein Feuer fangen. Daher empfiehlt es sich, den Außenbereich in regelmäßigen Abständen auf mögliche Glutnester abzusuchen, um gegebenenfalls schnell mit einem C-Rohr löschen zu können.

Da es beim Schornsteinbrand zu Ausdehnungen des Schornsteines kommt, kann es passieren, dass sich Schornsteinaufsätze, Abdeckhauben oder sogar ganze Teile vom Schornsteinkopf lösen und möglicherweise abstürzen. Dieser Trümmerschaden ist gerade im Außenbereich zu berücksichtigen.

7   Taktisches Vorgehen

Innerhalb von Gebäuden:

Im Inneren von Gebäuden müssen sich Die Einsatzkräfte Zugang zu sämtlichen Wohnungen und Räumen verschaffen, die an den Schornstein angrenzen. Anwohner sind möglicherweise zuerst in Sicherheit bringen.

Grundsätzlich muss man immer damit rechnen, dass es zu Rissbildung in der Außenhaut des Schornsteines kommt und sich die Außenhaut sehr stark erwärmt.

Deshalb sollte man immer alle Schränke vom Schornstein wegrücken. Verkleidungen aus Holz, die um oder vor Schornsteinen montiert sind sollten demontiert werden. Hinter diesen kann man auch mal Überraschungen, wie Altanschlüsse finden (siehe Bild 44).

Gardinen oder Postermöbel, die in unmittelbarer Nähe zum Schornstein sind, sollten ebenfalls weggerückt bzw. entfernt werden. In der Regel kann man einen Meter als einen guten Abstand ansehen. In Bereichen von Decken- und Dachdurchführungen kommt es durch Dämmungen oft zum gefährlichen Wärmestau.

Die Wärmebildkamera kann als gutes Hilfsmittel bei Schornsteinbränden eingesetzt weden. Man kann mit ihr Schwachstellen in der Schornsteinwange, wie Altanschlüsse leicht und sicher finden. Auch kann mit der Wärmebildkamera der Wärmestau in Decken- und Dachdurchführungen beobachten und bewertet werden. Kritische Erwärmung von Holzbauteilen lassen sich mit ihr schnell und einfach finden.

7.5 Maßnahmen zur Vermeidung einer Brandausbreitung

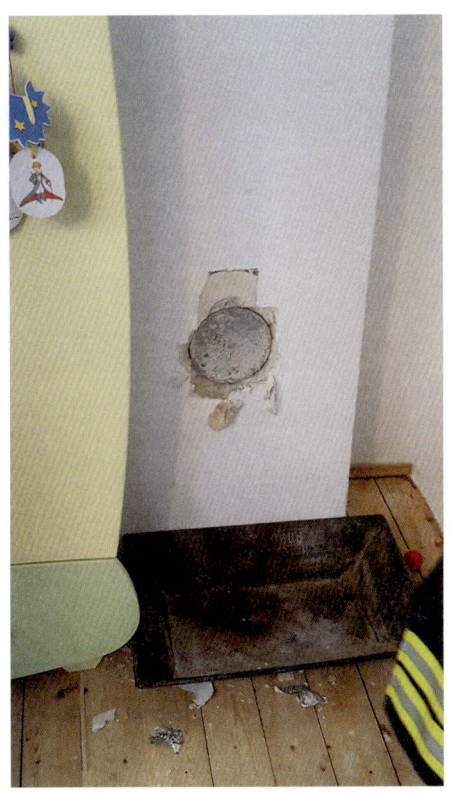

Bild 44: *Unsachgemäße Feuerstättenanschlüsse können das Brandgeschehen negativ beeinflussen. (Foto: Leon Schläfer)*

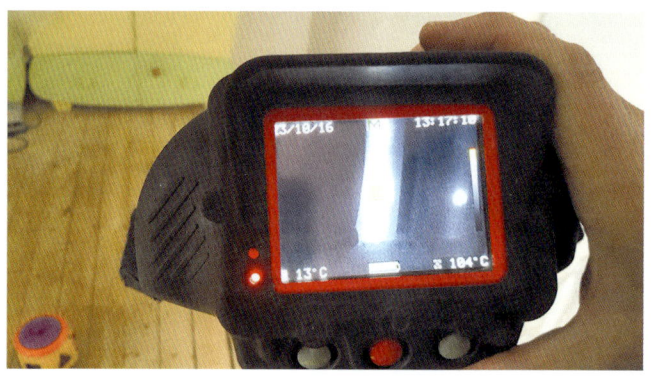

Bild 45: *Einsatz einer Wärmebildkamera (Foto: Leon Schläfer)*

Verhaltensregeln für Hausbewohner

Folgende Verhaltensregeln sollten die Hausbewohner im Falle eines Schornsteinbrandes beachten:
1. Ruhe bewahren.
2. Feuerwehr alarmieren (Notruf 112).
3. Einweiser für die Feuerwehr an die Straße schicken.
4. Alle Feuerstätten an dem betroffenen Schornstein außer Betrieb nehmen und alle Luftklappen schließen.
5. Alle Bewohner des Hauses informieren.

Verhaltensregeln für Hausbewohner

6. Alle brennbaren Gegenstände in der Nähe des Schornsteins über dessen gesamte Länge wegrücken (Möbel, Bilder usw.).
7. Einen freien Zugang zur Schornsteinmündung bzw. zur oberen Reinigungsöffnung und zur Schornsteinsohle schaffen.
8. Falls ein Feuerlöscher vorhanden ist, diesen für die Feuerwehr bereithalten.
9. Den zuständigen bevollmächtigten Bezirksschornsteinfeger benachrichtigen.
10. Das Eintreffen der Feuerwehr abwarten. Auf keinen Fall einen eigenen Löschversuch starten!

Quellen/empfehlenswerte Literatur

DIN 14800-4 »Feuerwehrtechnische Ausrüstung für Feuerwehrfahrzeuge – Teil 4: Schornstein-Werkzeugkasten, Ausgabe 2005-02 und 2013-12.
Feuerungsverordnung (für das jeweilige Bundesland).
Feuerwehr-Dienstvorschrift (FwDV) 3 »Einheiten im Lösch- und Hilfeleistungseinsatz«.
Feuerwehr-Dienstvorschrift (FwDV) 7 »Atemschutz«.
Feuerwehr-Dienstvorschrift (FwDV) 100 »Führung und Leitung im Einsatz«.
Mezger, J.: Absturzsicherung, Rotes Heft/Ausbildung kompakt 213, 1. Auflage 2007, W. Kohlhammer GmbH, Stuttgart.
Schröder, H. (Hrsg.): Lexikon der Feuerwehr, 3., überarbeitete und erweiterte Auflage 2005, W. Kohlhammer GmbH, Stuttgart.
Schröder, H.: Brandeinsatz – Praktische Hinweise für die Mannschaft und Führungskräfte, Rotes Heft 9, 3., überarbeitete und erweiterte Auflage 2007, W. Kohlhammer GmbH, Stuttgart.

3., überarb. und erw. Auflage
2013. 83 Seiten. Kart. € 12,90
ISBN 978-3-17-022527-5
Die Roten Hefte/
Ausbildung kompakt Nr. 202

Markus Pulm

Wärmebildkameras im Feuerwehreinsatz

Wärmebildkameras können nicht nur zur Suche von Personen und Brandnestern in verrauchten Gebäuden genutzt werden, sondern beispielsweise auch zur Füllstandskontrolle bei Tankanlagen, zum Aufspüren von Wasserleitungen oder für Kontrollaufgaben im Umweltschutz. Das Rote Heft erläutert zunächst die naturwissenschaftlichen Grundlagen, beschreibt die Funktionsweise und Leistungsmerkmale von Wärmebildkameras und gibt allgemeine Hinweise für deren Anwendung. Anhand zahlreicher Beispiele werden Einsatzmöglichkeiten im Brandeinsatz, bei der Personensuche, im Umweltschutz und in der Ausbildung aufgezeigt. Ebenso werden die Einsatzgrenzen der Geräte vorgestellt.

W. Kohlhammer GmbH · www.kohlhammer-feuerwehr.de

Digital-Ausgabe erhältlich in der BRANDSchutz-App und als EBOOK

9., erw. und überarb. Auflage
2018. 244 Seiten. Kart. € 25,–
ISBN 978-3-17-034000-8

Übungen und Ausbildung

Karl-Heinz Knorr

Die Gefahren der Einsatzstelle

Die an Einsatzstellen anzutreffenden Gefahren entwickeln und verändern sich ständig. Das Fachbuch „Die Gefahren der Einsatzstelle" wurde mit der 9. Auflage komplett überarbeitet und unter anderem um das Kapitel „Unfallverhütung und Gefährdungsbeurteilungen" erweitert. Ebenfalls neu aufgenommen wurde das Thema „Speicherung elektrischer Energie", welches auch die Gefahren von Lithium-Ionen-Zellen beschreibt.

Leitender Branddirektor Dipl.-Phys. Karl-Heinz Knorr ist Leiter der Feuerwehr Bremen.

W. Kohlhammer GmbH · www.kohlhammer-feuerwehr.de

Kohlhammer